AF363704

LA MORVE

ET

LE FARCIN

NE SONT PLUS INCURABLES.

Par M. GAUTIER-MILLE.

PRIX : 50 CENTIMES.

DÉPÔT

CHEZ L'AUTEUR,

AU COMPTOIR DE CIRCULATION

DE

L'UNITÉ

AGRICOLE, INDUSTRIELLE, COMMERCIALE ET FINANCIÈRE.

35, Boulevard des Capucines.

1856.

LA MORVE

ET

LE FARCIN

NE SONT PLUS INCURABLES.

Lorsqu'un cheval est atteint de la morve ou du farcin, il faut, pour se conformer à la loi, ordonner l'abattage immédiat de l'animal malade. Les meilleurs vétérinaires eux-mêmes n'attendent pas pour cela que le principe vital soit éteint, c'est-à dire que la maladie soit entrée dans sa troisième période, mais ils ordonnent cette mesure rigoureuse dès que les premiers symptômes de l'une ou de l'autre de ces maladies sont reconnus.

Cette sévérité se comprend parfaitement : la morve et le farcin sont deux maladies contagieuses, les hommes aussi bien que les animaux les prennent au simple contact.

Je dirai même plus : de l'aveu de plusieurs personnes compétentes, la mortalité par suite de la contagion de la morve ou du farcin est en proportion beaucoup plus considérable chez les hommes que chez les animaux ; en effet, dans un établissement où se trouve un cheval morveux ou farcineux, il n'est pas extraordinaire de voir les garçons d'écurie, palefreniers et autres gens de service, ressentir aussitôt les premières atteintes du mal. Or, comme ces deux maladies sont aussi incurables chez les hommes que chez les animaux, les atteintes en sont donc mortelles.

L'État à lui seul perd chaque année dans les écuries de l'armée par le farcin et la morve un nombre considérable de chevaux, et chez les particuliers où les soins sont donnés avec moins d'intelligence que dans les régiments, ces maladies deviennent souvent un véritable fléau. Ce n'est pas isolément que les cas se présentent. Il y a certaines localités où ces maladies finissent même par prendre un caractère épidémique. Trouver le spécifique de ces deux maladies serait donc rendre un grand service à l'humanité, puisque ce spécifique serait administré aux hommes morveux ou farcineux aussi bien qu'aux animaux.

Études, recherches, découvertes, expériences, rien n'a été négligé pour trouver ce spécifique, mais toutes ces expériences, découvertes, recherches ou études sont restées infructueuses.

Cependant parmi les dernières expériences qui ont été faites contre ces deux maladies, il en est une que le Gouvernement semble avoir prise sous son patronage et qui promet, jusqu'à présent du moins, des résultats beaucoup plus satisfaisants.

M. Fabre, de Marseille, a proposé un remède avec lequel il prétend guérir en *vingt jours* tous les chevaux morveux ou farcineux, à l'état douteux ou même aux premier et deuxième degré, et en *trois ou quatre mois* au plus lorsque la maladie est entrée dans sa troisième période, mais avant, bien entendu, que le principe vital de l'animal soit totalement éteint.

M. Fabre, à ce qu'il paraît, n'en est pas à ses premiers essais, car à Marseille et dans le département de Vaucluse il est déjà connu par ses cures merveilleuses.

S'exposant aux poursuites judiciaires, M. Fabre achetait sous un prétexte quelconque les chevaux qu'on allait abattre, les conduisait à son infirmerie et au bout de quelques jours on était tout étonné de voir sortir tout fringant tel cheval qui était entré tout morveux, pourri jusqu'à la moelle.

Pendant une quarantaine d'années M. Fabre a fait ce métier, mais aujourd'hui, fatigué de ce commerce illicite et voulant, malgré certaines susceptibilités froissées, faire bénéficier son pays d'une découverte si précieuse, il offre son spécifique au Gouvernement.

Arrivé à Paris, il y a quelques mois seulement, M. Fabre s'est recommandé immédiatement à l'illustre auteur des *Chevaux du Sahara*, un des hommes sans contredit le plus compétent dans la science hippique. M. le général Daumas accueillit avec autant de bienveillance que d'intérêt l'exposé qui lui était fait, en comprit toute l'importance et guida lui-même M. Fabre dans les démarches qu'il avait à faire pour atteindre son but. M. le général de Bressolle, de son côté, à qui M. Fabre avait été présenté de la part de M. le général Daumas, voulut bien aussi accorder son appui et sa protection à cette œuvre.

Peu de temps après ces premières démarches, M. Fabre fut appelé chez M. le général aide-de-camp de l'Empereur, duc de Montebello, pour donner des explications « sur le remède qu'il pensait avoir trouvé pour guérir la morve. »

M. Fabre se rendit à cette invitation, et neuf jours après, il recevait de M. le duc de Montebello une lettre ainsi conçue :

« M. le Ministre de la guerre ayant décidé, le 2
» octobre courant (1855), que les deux chevaux mor-
» veux qui existent aux Cuirassiers de la Garde,
» seraient mis à votre disposition pour que vous expé-
» rimentiez votre méthode curative de la morve, je
» vous prie de vous entendre pour cette expérience
» avec M. le colonel du régiment, que je préviens de
» cette décision.

» Recevez, etc. »

A la réception de cette lettre, M. Fabre, comme on le pense bien, se rendit auprès de M. le colonel des Cuirassiers de la Garde, en garnison à l'école militaire, qui l'accueillit également avec une extrême bienveillance.

Par ordre de cet officier supérieur, deux chevaux morveux au troisième degré, et dont l'abattage était décidé, furent confiés à M. Fabre, et le vétérinaire en chef du régiment, M. Loudin, s'empressa de mettre à sa disposition un local, des infirmiers et tout le matériel de l'infirmerie.

Les conditions dans lesquelles se trouvaient les deux chevaux morveux soumis aux expériences de M. Fabre, lorsque celui-ci a commencé son traitement, ne laissaient aucun espoir de guérison, puisque, ainsi que je l'ai dit déjà, l'abattage en était décidé ; cet état a été, du reste, constaté par MM. Loudin et Laborde. Il y avait jetage de mauvaise nature, ulcérations nombreuses et engorgement considérable de ganglions de l'auge, état qui constitue la morve chronique bien déterminée.

Depuis le commencement du traitement (9 octobre 1855), il est bien avéré qu'il a continuellement fait un temps humide et froid, qui a sans cesse contrarié les effets des médicaments. Si la température eût été plus favorable, c'est-à-dire plus sèche et plus élevée, ces deux chevaux, qui étaient regardés comme perdus, seraient aujourd'hui complétement guéris ; ils sont en bonne voie, puisque l'un pourra, dans cinq à six jours, reprendre son service, et l'autre en a encore pour une quinzaine de jours au plus. Personne dans le régiment, officier vétérinaire ou infirmier, personne n'osait espérer un pareil succès.

Il est constant pour toutes les personnes qui, comme moi, ont été à même de suivre en quelque sorte pas à pas cette remarquable expérience, que si on avait confié à M. Fabre des chevaux ayant seulement les premiers symptômes de la morve, depuis longtemps déjà ces chevaux seraient retournés au régiment.

En résumé :

M. Fabre a réussi complètement. Mais mettons tout au pis ! admettons un instant que le procédé de M. Fabre ne serait pas infaillible lorsque la maladie aurait atteint la troisième période ? que pourrait-on désirer de mieux que la guérison radicale dès les premiers symptômes, puisque du moment où on obtiendrait ce résultat on n'aurait plus rien à redouter, ni la perte de l'animal ni même la contagion.

Quant au farcin :

Depuis le 25 octobre 1855, jusqu'à ce jour 24 janvier 1856, le régiment des cuirassiers de la Garde a confié à M. Fabre cinq chevaux farcineux qui étaient, pour me servir des expressions même de l'infirmier major « ar-
» rivés à un tel degré de pourriture et de putréfaction,
» qu'il était impossible de s'en approcher sans se bou-
» cher hermétiquement les narines. »

De ces cinq chevaux, trois sont déjà retournés dans les rangs ; ils portent les numéros 1083, 770 et 697. Les deux autres sont encore entre les mains de M. Fabre, mais l'un peut rentrer au régiment demain 25, et l'autre en a encore pour quelques jours ; il est indispensable de dire ici que les cinq chevaux far-cineux devaient comme les morveux être abattus. Le traitement de M. Fabre est donc un véritable spécifique.

Spécifique simple et économique, puisqu'avec 10 fr. de médicaments au plus, on pourra à l'avenir guérir un cheval douteux et même au premier degré.

J'ai cru, dans l'intérêt général, devoir faire connaître par la voie de la publicité l'admirable découverte qui vient d'être faite.

La Société réserve à M. Fabre une place honorable au rang des hommes utiles à l'humanité, une partie de la gloire qui l'attend rejaillira infailliblement sur les illustres personnages qui lui ont donné aide et protection, et également sur M. Loudin, vétérinaire en chef des cuirassiers de la Garde, et MM. les aides vétérinaires sous les ordres de cet habile praticien qui ont toujours suivi avec un vif intérêt les expériences de M. Fabre.

GAUTIER-MILLE.

Paris, 24 Janvier 1856.

Paris. — Imp. FÉLIX MALTESTE et Cie, 22, rue des Deux-Portes Saint-Sauveur.

Paris —Imp. FÉLIX MALTESTE et Cie, rue des Deux-Portes-St-Sauveur.